BEI GRIN MACHT SICH IHR WISSEN BEZAHLT

- Wir veröffentlichen Ihre Hausarbeit, Bachelor- und Masterarbeit

- Ihr eigenes eBook und Buch - weltweit in allen wichtigen Shops

- Verdienen Sie an jedem Verkauf

Jetzt bei www.GRIN.com hochladen und kostenlos publizieren

Julia Hoffmann

Integration von E-Fahrzeugen ins Carsharing

GRIN Verlag

Bibliografische Information der Deutschen Nationalbibliothek:

Die Deutsche Bibliothek verzeichnet diese Publikation in der Deutschen National-
bibliografie; detaillierte bibliografische Daten sind im Internet über http://dnb.d-
nb.de/ abrufbar.

Impressum:

Copyright © 2015 GRIN Verlag GmbH
Druck und Bindung: Books on Demand GmbH, Norderstedt Germany
ISBN: 978-3-656-96273-1

Dieses Buch bei GRIN:

http://www.grin.com/de/e-book/299521/integration-von-e-fahrzeugen-ins-carsharing

KANN ES GELINGEN E-FAHRZEUGE INS CARSHARING ZU INTEGRIEREN?

Julia Hoffmann

Modul Empirische Forschung und statistische Analyse

1.Semester

Abgabetermin: 28.02.2015

Inhaltsverzeichnis

Abkürzungsverzeichnis

PKW = Personenkraftwagen

SPSS = Statistical Package for the Social Sciences (Statistik- und Analysesoftware)

e-Mobilität = Elektro-Mobilität

e-Carsharing = Elektro-Carsharing

e-Fahrzeuge = Elektro-Fahrzeuge

ÖPNV = öffentlicher Personennahverkehr

z. B. = zum Beispiel

Abbildungsverzeichnis

1 Einleitung

1.1 Ausgangssituation und Entwicklung der Problemstellung

„Mobilität, so wie wir sie heute praktizieren, ist nicht zukunftsfähig. Unser Planet würde es gar nicht aushalten, wenn die Menschen überall auf der Welt so viel im Auto durch die Gegend fahren würden, wie wir das hier bei uns tun." (Horst Köhler, Bundespräsident a.D., 2010)

Die Geschäftsleitung des Volkswagen Zentrum Oldenburg hat nach intensiver Diskussion in Fachkreisen für sich festgehalten, dass der Umweltschutz ein wichtiges Thema und gleichzeitig eine große Herausforderung an die Zukunft des Automobilismus sein wird. So ist man dort der festen Überzeugung, dass Carsharing in Verbindung mit elektrisch betriebenen Fahrzeugen ein mögliches Modell zukünftiger urbaner Mobilität ist. In der Konsequenz wurde ein Projekt gestartet, das sich aktiv mit der Einführung der e-Mobilität über ein Carsharing-Modell im Raum Oldenburg auseinandersetzt.

Die vorliegende Ausarbeitung im Modul „Empirische Forschung und statistische Analyse" ist ein Teil dieses Gesamtprojektes und bildet eine wichtige Entscheidungsgrundlage für die Wirtschaftlichkeit der Integration elektrisch betriebener Kraftfahrzeuge in eine vorhandene Carsharing-Fahrzeugflotte.

Durch die Ausrichtung des Mobilitätskonzeptes auf den Raum Oldenburg und dem starken regionalen Bezug wird das Gesamtprojekt durch die Stadt Oldenburg gefördert. Das Marktforschungsinstitut ecco unterstützt das Volkswagen Zentrum Oldenburg bei dem Vorhaben und leitet die Auswertung des Gesamtprojektes.

1.2 Ziel der Arbeit

Das Ziel der vorliegenden Arbeit ist es, die Wirtschaftlichkeit der Integration von e-Fahrzeugen in eine bestehende Carsharing-Flotte zu prüfen. In Verbindung mit dem Gesamtprojekt des Volkswagen Zentrums Oldenburg steht dabei auch die Bewertung des vorhandenen Kundenpotentials für ein e-Carsharing-Angebot im Mittelpunkt. So ist neben der Feststellung des generellen Meinungsbildes und möglicher Kundenwünsche hinsichtlich Fahrzeugtyp und –Ausstattung die Ableitung von Hypothesen zur Marktgröße für ein e-Carsharing ein notwendiges Ergebnis dieser Ausarbeitung.

2. Empirische Untersuchung

Als Basis für die Ableitung einer Aussage über die Wirtschaftlichkeit der Integration von e-Fahrzeugen in eine Carsharing-Flotte dient eine empirische Untersuchung mittels Passantenbefragung in der Stadt Oldenburg. In den nachfolgenden Abschnitten werden Stichprobe, Erhebungsdesign und das Erhebungsinstrument als Grundlagen dieser Untersuchung beschrieben.

2.1 Theoretischer Rahmen

In diesem Kapitel wird die Vorbereitung zur Konzeption beschrieben. Den Ausgangspunkt für die Erstellung des Konzepts bildete eine umfangreiche Literaturrecherche, u.a.

Marktforschungsergebnisse von infas, dem Öko-Institut und dem ADAC, die zur Festlegung der Herangehensweise für die vorliegende Untersuchung dienten.

2.2 Konzeptionelle Phase – Forschungsrichtung, -design und Erhebungsinstrument

Die Entscheidung zur quantitativen Forschung fiel auf der Grundlage, dass zum einen die Vergleichbarkeit mit vorhandenen Studien und zum anderen die Möglichkeit der Untersuchung einer großen Stichprobe gegeben wird.

Als Erhebungstechnik wurde die Befragung gewählt, um mit einer repräsentativen Stichprobe das Meinungsbild der festgelegten Zielgruppe zum vorliegenden Thema zu ermitteln.

Als Instrument für die Erhebung wurde der standardisierte Fragebogen gewählt, um die Möglichkeit zu erhalten, die Passanten zu Einstellungen, Gefühlen, Motiven oder Erinnerungen zu befragen.

Als Auswertungsverfahren wurde die univariate Deskriptivstatistik gewählt, die wie folgt definiert wird: „Die deskriptive Statistik beinhaltet […] alle Verfahren, mit denen sich durch die Beschreibung von Daten einer Grundgesamtheit Informationen gewinnen lassen. Zu diesen Methoden bzw. Verfahren gehören unter anderem die Erstellung von Grafiken, Tabellen und die Berechnung von deskriptiven Kennzahlen bzw. Parametern."[1]
Die Auswertung der vorhandenen Daten erfolgte unter Zuhilfenahme der Anwendungen Microsoft Excel und SPSS.

2.3 Operationalisierungsphase

2.3.1 Aufstellung der Hypothesen

Unter Berücksichtigung der Studien[2] von Güner und Hoerstebrock sowie der Ergebnisse empirischer Untersuchungen[3] von Infas und dem Öko-Institut wurden die nachfolgend aufgeführten Hypothesen aufgestellt, die als Grundlage für die Aufbereitung des Fragebogens dienten:

- Der Nutzer hat Angst vor der Bedienung des Fahrzeuges
- Der Nutzer hat Angst vor einer möglichen geringen Reichweite des e-Fahrzeuges
- Dem Nutzer fehlt technisches Wissen zur Nutzung von e-Fahrzeugen
- Dem Nutzer fehlt ein Preisgefühl für die Nutzung von e-Fahrzeugen
- Der Nutzer ist nicht bereit mehr für ein e-Fahrzeug zu zahlen
- Der Nutzer hat Angst vor mangelnder Sicherheit

---

[1] Vgl. Cleff, Thomas (2008), Seite 4.

[2] Güner, Gonca: Analyse der Stärken, Schwächen, Chancen und Risiken des Carsharing mit Elektrofahrzeugen. Hoerstebrock, Tim: Strategische Analyse der Elektromobilität in der Metropolregion Bremen / Oldenburg. Multi-Agenten basierte Simulation alternativer Antriebssysteme.

[3] Öko-Institut e.V. (2014): Forschung zum neuen Carsharing. Wissenschaftliche Begleitforschung zu car2go. Zwischenergebnisse: Stand Juni 2014. infas (2012): Mobilität im Wandel - Potenziale des Car-Sharing.

Aus diesen Hypothesen wurde die im Folgenden näher beschriebene Fragenstruktur als Basis der für diese Arbeit vorgesehenen empirischen Untersuchung abgeleitet.

2.3.2 Struktur des Fragebogens

Zur Entwicklung des Fragebogens haben wir drei Themenbereiche in den Mittelpunkt unserer Untersuchung gestellt:

- Carsharing
- Elektro-Mobilität
- Sozio-demografische Daten

Im ersten Thema Carsharing soll vom Befragten zunächst die Bekanntheit, mögliche Erfahrungen und die Nutzungsbereitschaft ermittelt werden. In Ergänzung dazu soll auch im Interesse des Gesamtprojekts die Präferenz bei Fahrzeugmodellen, -ausstattung und etwaige notwendige Rahmenbedingungen (wie z.b. persönlicher Ansprechpartner, umfassende Fahrzeugeinweisung, Hotline, schnelle Verfügbarkeit und unkomplizierte Buchung) des Carsharings ermittelt werden.

Der zweite Themenbereich Elektro-Mobilität soll die Erfahrungen und das Meinungsbild der befragten Personen, sowie deren Kostenvorstellungen und Nutzungsbereitschaft von e-Fahrzeugen innerhalb eines Carsharings-Modells ermitteln.

Den Abschluss im dritten Teil des Fragebogens bildet die Abfrage der sozio-demographischen Daten, wie die Anzahl der im Haushalt lebenden Personen, Geschlecht, Alter und Wohnort.

Der Fragebogen enthält zum größten Teil geschlossene Fragen mit bis zu 5 vorformulierten Antwortmöglichkeiten, um die Vergleichbarkeit mit Ergebnissen anderer Untersuchungen zu ermöglichen. Bei den Fragen mit Frageskeletten, wie z.B. Frage 3: Kennen Sie den Begriff Carsharing?, wurde eine Werteskala von 1 mit der Bedeutung „Carsharing ist mir im Detail bekannt" bis 5 „noch nie etwas darüber gehört" festgelegt. Der Trend zur Mitte[4] bei den Antworten der Befragten war dabei ein Risiko, welches bewusst gewählt wurde, um die Vergleichbarkeit zu ähnlichen Untersuchungen zu ermöglichen.
Bei Frage 4 konnten die befragten Personen mit „weiß nicht" antworten. Dies diente der Reduzierung der Anzahl der möglichen fehlerhaften Fragebögen. Die persönliche Einstellung zum Thema Carsharing wurde in Frage 11 unter Verwendung eines semantischen Differenzials (oder auch „Polaritätsprofil") ermittelt, um Befürworter und Ablehner von Elektro-PKW zu identifizieren. Das semantische Differenzial „ist ein Verfahren, das in der Psychologie entwickelt wurde, um herauszufinden, welche Vorstellungen Personen mit bestimmten Begriffen, Sachverhalten oder Planungen verbinden".

Die Zielgruppe der Befragung war die Bevölkerungsschicht der Altersgruppe zwischen 17 und 60 Jahren in Oldenburg sowie Pendler, die aus dem Umland regelmäßig in die Stadt kommen.

---

[4] Vgl. Porst, Rolf, (2009) S. 81

2.3.3 Entwurf

Der entstandene Entwurf eines Fragebogens wurde mit den Fachabteilungen Verkauf und Service im Volkswagen Zentrum Oldenburg inhaltlich abgestimmt.
Der Entwurf des Fragebogens besteht aus insgesamt 18 Fragen, die im Folgenden vorgestellt und erläutert werden.

Frage 1: „Besitzen Sie einen Führerschein?"
Hier sollte die Zugehörigkeit des Befragten zur Zielgruppe (Führerscheininhaber bzw. Mindestalter 17Jahre) sichergestellt werden.

Frage 2: Auf welche Fortbewegungsmittel greifen Sie derzeit zurück?
Diese Frage sollte das persönliche Mobilitätsverhalten der Befragten identifizieren.

Frage 3: Kennen Sie den Begriff Carsharing? Welche der folgenden Möglichkeiten trifft auf Sie zu?
Diese Frage sollte den Bekanntheitsgrad des Themas Carsharing klären. Hierzu wurde mittels einer Werteskala von 1 mit der Bedeutung „Carsharing ist mir im Detail bekannt" bis 5 „noch nie etwas darüber gehört" die Bekanntheit abgefragt.

Frage 4: Gibt es in Ihrer Stadt / Gemeinde einen Carsharing-Anbieter? Wenn ja, welche Carsharing-Anbieter?
Diese Frage sollte Überblick über die ungestützte Bekanntheit (Abfrage der Carsharing-Anbieter ohne diese namentlich zu nennen) dieser Anbieter eröffnen.

Frage 5: Haben Sie Erfahrungen mit der gemeinschaftlichen Nutzung eines Autos?
Mit dieser Frage sollte insbesondere die Bereitschaft des Teilens im Bereich der Mobilität ermittelt werden.

Frage 6: Wenn Carsharing in Ihrem Wohnort möglich wäre, könnten Sie sich dann vorstellen auf Ihr derzeitiges Fortbewegungsmittel zu verzichten und stattdessen Carsharing zu nutzen?
Diese Frage sollte die quantitative Grundlage für die Ermittlung des eigentlichen Marktpotentials liefern.

Frage 7: Welches Fahrzeug / Fahrzeugmodell wünschen Sie sich für Carsharing?
Hier sollte die Präferenz der Befragten für die wichtigsten Modelle ermittelt werden. Der Befragte konnte sich mittels einer Mehrfachauswahl für die Modelle Klein, Mittel, Groß, Minibusse, Transporter entscheiden. Diese Begrifflichkeiten wurden vom Interviewer während der Befragung erläutert.

Frage 8: Welches Zubehör wäre Ihnen beim Carsharing wichtig?
Hier sollte das wichtigste Zubehör für ein Carsharing-Fahrzeug ermittelt werden. Die Befragten konnten die Wichtigkeit der genannten Zubehörartikel (Navigationssystem, Kindersitz, Gepäckträger, Anhängerkupplung und Winterextras) anhand eines Frageskelettes von 1 „sehr wichtig" bis 5 „völlig unwichtig" bestimmen.

Frage 9: Was ist Ihnen bei Carsharing wichtig?
In Ergänzung zur Ermittlung des Marktpotentials sollten mit den Fragen 7 bis 9 auch erste notwendige wirtschaftliche Randbedingungen der Umsetzung geklärt werden.

Frage 10: Haben Sie schon Erfahrungen mit Elektro-PKW?
Diese Frage diente der Ermittlung der Anzahl der Nutzer von e-Fahrzeugen.

Frage 11: Welche Gefühle und Gedanken im Hinblick auf Elektro-PKW treffen am ehesten auf Sie zu?
Über die Verwendung eines semantischen Differenzials sollten hier Befürworter und Ablehner von e-Fahrzeugen identifiziert werden. Die Kategorien des Differenzials wurde dazu auf „einfach-teuer", „sicher-unsicher", „preiswert-teuer", „angenehm-unangenehm", „komfortabel-unkomfortabel", „zuverlässig-unzuverlässig", „ökologisch sinnvoll-ökologisch nachteilig" sowie „interessant-uninteressant" festgelegt. Der Befragte hatte jeweils 5 Auswahlmöglichkeiten.

Frage 12: Wie groß müsste die Reichweite mindestens sein, damit ein Elektro-PKW für Sie in Frage kommt?
Auch diese Frage diente der Ermittlung einer wichtigen wirtschaftlichen Randbedingung für die Einschätzung des Marktpotentials

Frage 13: Wären Sie bereit einen höheren Preis für einen Elektro-PKW zu zahlen?
Aus dem höheren Anschaffungspreis für ein e-Fahrzeug resultiert ein höherer Preis pro km im Carsharing-Modell. Durch die Abfrage der Bereitschaft einen höheren Preis für die Anschaffung eines e-Fahrzeuges zu zahlen, können daher Rückschlüsse auf die Zahlungsbereitschaft bei einem e-Carsharing gezogen werden.

Frage 14: Würden Sie ein Carsharing-Angebot mit Elektro-PKW nutzen?
Dies sollte die grundsätzliche Bereitschaft zur Nutzung von e-Fahrzeugen in einem Carsharing-Angebot ermittelt werden.
Die Abfrage der sozio-demografischen Daten (quantitativ) mit Frage 15: Wie viele Personen leben in Ihrem Haushalt?, Frage 16: Geschlecht?, Frage 17: Alter? und Frage 18: Postleitzahl ist für die Eingrenzung der festgelegten Zielgruppe wichtig. Außerdem sind diese Daten für die Auswertung mittels Kreuztabellen[5] erforderlich, wie das Beispiel. „Stellen Männer und Frauen andere Anforderungen an die Einweisung eines e-Fahrzeuges?" zeigt.

2.4   Auswahl der Untersuchungseinheit

Für die Interviews wurde die Einwohnerzahl Oldenburgs (ca. 160.000) als Grundgesamtheit zugrunde gelegt. Bei einer als Zielgröße gesetztem Vertrauensniveau[6] zwischen 5 % und 6 % ergibt sich damit eine Stichprobengröße im Bereich von 267 bis 384 Befragungen. Die detaillierte Herleitung der Stichprobenberechnung findet sich im Anhang 3.

---

[5] Vgl. Cleff, Thomas (2008), Seite 80.
[6] Vgl. Kuß, Alfred (2012), Seite 221.

2.5 Datenerhebung

Zur Überprüfung des inhaltlichen Verständnisses als auch der zeitlichen Bearbeitungsdauer wurden insgesamt 10 „Pre-Tests" in den Unternehmen Volkswagen Zentrum Oldenburg, Commerzbank und ecco durchgeführt. Ein wichtiges Ergebnis dieser Tests war die notwendige Umformulierung einiger Fragen, um Verständnisprobleme zu vermeiden. Zudem wurde die Anzahl der Fragen reduziert, da die Befragungszeit von maximal 10 Minuten in den Tests überschritten wurde.

Die Durchführung der Befragung erfolgte zwischen dem 15. und 20. Dezember 2014 durch 6 Interviewer an mehreren Standorten in der Stadt Oldenburg. Auf einer zuvor durchgeführten Schulung wurden die Interviewer intensiv durch Erläuterung des Fragebogens als auch Vermittlung von weiterem Detailwissen über das Thema Carsharing auf die Befragung vorbereitet.

2.6 Datenaufbereitung

Insgesamt wurden 319 Fragebögen beantwortet und damit die notwendige Stichprobengröße der Untersuchung erreicht. Dadurch konnte im nächsten Schritt ermittelt werden, ob die Daten den Gütekriterien Zuverlässigkeit, Validität und Objektivität entsprechen.

Die Objektivität dieser Untersuchung war durch die Standardisierung des Messverfahrens gegeben, da ein standardisierter Fragebogen verwendet wurde. Die Bedingung, dass die Ergebnisse der Auswertung unabhängig vom Auswertenden sein sollen, wurde ebenfalls durch den Einsatz des Fragebogens gewährleistet.

Die Prüfung hinsichtlich der Validität hat ergeben, dass das Messinstrument das zu messende Konstrukt über die drei Themenbereiche der Fragen inhaltlich ausgeglichen repräsentiert. Die notwendige Konstruktvalidität zeigt sich über die Bestätigung der aufgestellten Hypothesen durch die Ergebnisse der Befragung.

Zur Überprüfung der Repräsentanz der Befragungsergebnisse wurde die Auswertung der sozio-demografischen Daten durchgeführt (Abbildung 1). erstellt:

Geschlecht	weiblich = 56,6 %	Alter	17-24 Jahre = 23,3 %
	männlich = 43,4 %		25-30 Jahre = 14,2 %
			31-40 Jahre = 18,3 %
→ Frauenanteil Oldenburg = 52,7 %			41-50 Jahre = 15,8 %
			51-60 Jahre = 14,2 %
			älter = 14,2 %
			→ Zensus 2011 Anteil 30 – 49 = 30 %
			→ Zensus 2011 Anteil 65 und älter = 18 %
Führerschein	ja = 87,8 %	aus Oldenburg	50,2 %
	(N = 280)		(N = 160)

Abbildung 1: Prüfung der Repräsentanz

Das Ergebnis der Interviews zeigt einen Frauenanteil von 56,6 % auf, während die Vergleichswerte vom Zensus aus dem Jahr 2011 einen Frauenanteil von 52,7 % in der Oldenburger Bevölkerung ausweisen.

Die Altersstruktur der Vergleichsbefragungen lag im Bereich 30-49 Jahren bei 30 %. Die vorliegende Befragung ergab einen Wert von 34,1 %. Im Altersbereich 65 und älter zeigen die Auswertungen einen Anteil von 14,2 %, während der Zensus aus 2011 einen Wert von 18% ermittelt hat. Auf Basis dieser Vergleiche ergibt sich die berechtigte Annahme, dass die Umfragedaten im Hinblick auf Altersstruktur und Geschlecht der Befragten repräsentativ sind.

2.7 Datenauswertung

Dieser Abschnitt beinhaltet die Erläuterungen einiger wichtiger Daten der Auswertungen aller Fragebögen, die mit Hilfe der Software SPSS durchgeführt wurden.

Im Rahmen der Befragung, die vom 15.-20.12.2014 in Oldenburg (Famila und Innenstadt) stattgefunden hat, konnten durch die Interviewer 319 Fragebögen vollständig ausgefüllt werden, deren Auswertung die nachfolgend näher beschriebenen Ergebnisse lieferte.

Von 319 Befragten besitzen 280 einen Führerschein der Klasse 3 bzw. B. Für die Auswertungen wurden auch die Befragten ohne Führerschein mit eingeschlossen, da diese das Mindestalter von 17 erreicht hatten und somit in die Zielgruppe fallen.

Die Auswertung des Mobilitätsverhaltens ergab, dass 67,1 % auf das eigene Auto zurückgreifen, 56,7 % das Fahrrad nutzen, 40,4 % benutzen die Öffentlichen Verkehrsmittel und 5,3 % greifen auf ein geliehenes Fahrzeug zurück. Durch eine Auswertung mittels einer Kreuztabelle konnte ermittelt werden, dass 12,4 % der Befragten, die die Öffentlichen Verkehrsmittel benutzen, auch auf ein geliehenes Fahrzeug zurückgreifen.

Mehr als 40 Prozent aller Befragten ist der Begriff Carsharing grundsätzlich oder gar im Detail bekannt. Allerdings ist aber auch über 30% der Befragten das Thema weniger oder gar nicht bekannt.

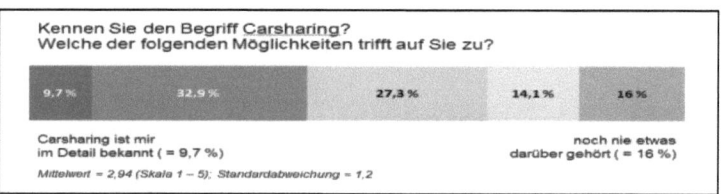

Abbildung 2: Auswertung zur Frage: Kennen Sie den Begriff Carsharing?

Die Bekanntheitsabfrage vorhandener Carsharing-Anbieter hat ergeben, dass Cambio mit ca. 25 Antworten der Befragten (n=160) sehr stark vertreten ist, hingegen andere Anbieter im Raum Oldenburg mit wenigen Nennungen (car2go mit zwei Nennungen, flinkster mit 3 Nennungen und Ford Munderloh mit 2 Nennungen) kaum bekannt sind.

Ein wesentliches Ergebnis ist die sehr geringe Erfahrung (0,7 %) mit Carsharing der befragten Personen im Raum Oldenburg.

Ein Anteil von 6,5 % der Befragten würden „ganz bestimmt" Carsharing nutzen und auf ihr derzeitiges Fortbewegungsmittel verzichten. Unter der Prämisse von ca. 86.000 bestehenden Haushalten in Oldenburg[7], von denen ca. 82 % mit einem PKW ausgestattet sind[8], ergibt sich damit ein Potenzial von ca. 4.500 Carsharing-Kunden. Vergleicht man dieses Ergebnis mit einer Studie von Infas aus dem Jahre 2012[9], so sind Ähnlichkeiten erkennbar. Bei dieser Studie haben 7 % auf die Frage nach Mobilitätsangeboten, die in Zukunft verstärkt genutzt werden könnten den Auswahlpunkt „klassische CarSharing-Angebote" als „sehr interessant" bewertet. Die Daten sind somit repräsentativ und halten Vergleiche z.B. mit der oben aufgeführten Studie stand.

Bei der Ausstattung der Fahrzeuge wurde von mehr als 80 % der Befragten ein Navigationssystem als „sehr wichtig" oder „wichtig" eingestuft.

Für die Gewichtung notwendiger Rahmenbedingungen zeigten die Ergebnisse, dass die „schnelle Verfügbarkeit" (97%), die „unkomplizierte Buchung" (95%) sowie der „persönliche Ansprechpartner" (82%) für die Befragten sehr wichtig sind. Bei den übrigen Dienstleistungsaspekten lassen höhere Standardabweichungen auf unterschiedliche Erwartungen schließen: Insbesondere ältere Menschen (ab 51 Jahre) und Frauen wünschen sich beispielsweise eine umfassendere Fahrzeugeinweisung.

Erfahrung mit Elektro-PKW hatten bereits 6 % der Befragten, also 20 Personen.

Zur Ermittlung der Befürworter und Ablehner von Carsharing wurde eine Cluster-Analyse, einem Verfahren zur Entdeckung von Ähnlichkeitsstrukturen in Datenbeständen, mit Hilfe des Programmes SPSS erstellt. Die Auswertung dieser Analyse hat ergeben, dass 49,5 % Elektro-Affine und 50,5 % Elektro-Skeptiker unter den Befragten sind. Die Abfrage des Preisgefühls auf einer Werteskala von 1 „preiswert" bis 5 „teuer" ergab den höchsten Mittelwert mit 3,9 und einer Standardabweichung von 1,012. Die Mehrheit der Befragten empfinde also e-Fahrzeuge als teuer.
Die Reichenweitenabfrage von e-Fahrzeugen ergab einen Mittelwert von 483 km. Eine Studie über die tatsächlichen Fahrstrecken in einem e-Carsharing in Osnabrück ergab, dass die durchschnittliche Fahrstrecke mit e-Fahrzeugen 24,6 Kilometer beträgt. Dieses Ergebnis ist abweichend von der vorliegenden Untersuchung.

---

[7] http://www.oldenburg.de/fileadmin/oldenburg/Benutzer/PDF/40/402/0242-2013-Internet.pdf
[8] ADAC (2010): Mobilität in Deutschland. Ausgewählte Ergebnisse. Fakten und Argumente kompakt.
[9] Vgl infas (2012): Mobil und informiert? Ergebnisse einer repräsentativen Bevölkerungsbefragung, Seite 16.

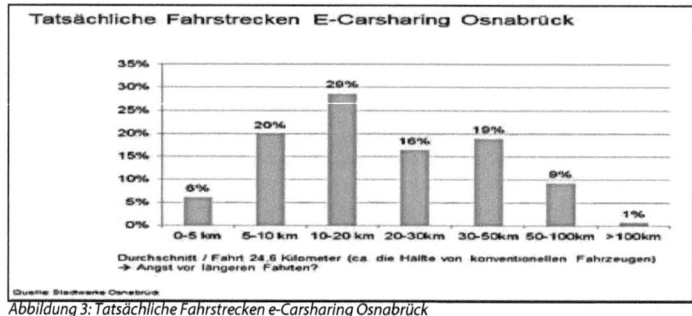

Abbildung 3: Tatsächliche Fahrstrecken e-Carsharing Osnabrück

Geht man davon aus, dass die Befragten die Fragestellung zur Reichweite von e-Fahrzeugen missverstanden haben und stattdessen die Fahrstrecken für ein eigenes Fahrzeug und nicht für ein Carsharing-Fahrzeug angegeben haben, dann ist das Ergebnis der vorliegenden Befragung wiederum vergleichbar mit einer Ausarbeitung von Dr. Dirk Fornahl aus dem Jahre 2012. Darin stellte er fest, „dass Elektroautos eine Tagesreichweite von möglichst mehr als 200 km aufweisen sollten, um dem Anforderungsprofil künftiger Nutzer gerecht zu werden".[10]

Nur 35 % der Befragten wären bereit, einen höheren Preis für ein e-Fahrzeug zu zahlen. Die Hypothese „Der Nutzer ist nicht bereit, mehr für ein e-Fahrzeug zu zahlen„ konnte bestätigt werden, da 65 % der Befragten diesem Punkt zustimmten.

Mehr als 50 % der befragten Personen sind dazu bereit, ein Carsharing-Angebot mit e-Fahrzeugen zu nutzen.

3. Reflexion der Befragung

Aus der Nachbetrachtung der Durchführung dieser empirischen Untersuchung und der zugehörigen Auswertung können die im Folgenden aufgeführten Erkenntnisse abgeleitet werden.

Da die Durchführung der Befragung Mitte Dezember und damit in der vorweihnachtlichen Zeit stattfand, wurde die Stimmung und Atmosphäre während der Befragung von allen Interviewern als eher sehr hektisch eingestuft. Trotz dieser eigentlich hinderlichen Umstände konnten dennoch von 319 Personen die vollständigen Antworten zum Fragebogen erfolgreich aufgenommen werden.

Nachhaltigkeit und Umweltschutz sind sehr globale und mittlerweile in Politik und in der Bevölkerung sehr engagiert diskutierte Themenkomplexe. Vor diesem Hintergrund sind politisch motivierte Antworten im Sinne ökologisch notwendiger „must have" zumindest als ein nicht unwesentlicher Faktor bei der Auswertung der Interviews zu berücksichtigen. Inwieweit dies Auswirkungen auf die gesamte Studie hat, werden die Ergebnisse im weiteren Verlauf des Gesamtprojekts zeigen.

---

[10] Vgl. Fornahl (2012), Seite 16

4.   Zusammenfassung und Schlussfolgerung

Die vorliegende Arbeit setzt sich mit der Frage auseinander, ob es möglich ist, e-Fahrzeuge in ein vorhandenes Carsharing-Modell zu integrieren. Als integraler Bestandteil eines durch das Unternehmen Volkswagen Zentrum Oldenburg getriebenen Gesamtprojekts steht dabei die Prüfung der Wirtschaftlichkeit dieser Integration im Vordergrund.

Die Durchführung der empirischen Untersuchung erfolgte unter Verwendung eines standardisierten Fragebogens durch Interviews im Raum Oldenburg in der dritten Dezemberwoche des zurückliegenden Jahres.

Die Auswertung der Ergebnisse von 319 befragten Personen der Zielgruppe im Alter zwischen 17 und 60 Jahren bestätigte die Ergebnisse bereits existierender Untersuchungen zu diesem Thema.

Sowohl das Thema Carsharing als auch potentielle Anbieter sind unter den befragten Personen überraschenderweise nur sehr wenig bekannt.

Als „Carsharing-Affine" konnten ca. 6 % der Fahrzeugbesitzer ermittelt werden, die 4.500 Personen in Oldenburg entsprechen. Bei momentan ca. 1.200 aktiven Carsharing-Nutzern[11] resultiert daher ein Kundenpotenzial von 3.300 Personen, die mit geeigneten Marketingmaßnahmen angesprochen werden können.

Die aus Sicht (und Empfinden) der Befragten wichtigsten Gründe, die gegen ein Carsharing sprechen, sind mangelnde Flexibilität, geringe Verfügbarkeit, hohe Kosten und Kompliziertheit des Leihprozesses.

Wirtschaftlich interessant ist die Feststellung, dass ein Drittel der Befragten bereit ist, für die Nutzung von e-Fahrzeugen in einem Carsharing Modell einen höheren Preis zu bezahlen.

Nicht nur aufgrund des jungen Themas Elektromobilität hat die Auswertung fast erwartungsgemäß ergeben, dass die jüngere Bevölkerungsgruppe eine höhere Affinität zum Carsharing hat. In der Konsequenz ist eine Fokussierung auf die jüngere Bevölkerung als Zielgruppe eine wichtige wirtschaftliche Randbedingung bei der Bewertung des Marktpotentials.

Hinsichtlich der Fahrzeuge werden von den Befragten Klein-und Mittelklasse-Fahrzeuge, die über ein Navigationssystem verfügen sollten, bevorzugt. Grundsätzlich sollten alle Fahrzeuge unkompliziert buchbar und schnell verfügbar sein.

Die Erkenntnis, dass nur 0,7 % der Befragten Erfahrung mit Elektro-Fahrzeugen hat, hat das Volkswagen Zentrum Oldenburg dazu veranlasst, Maßnahmen zu ergreifen. Es wurden mehrere VW e-up!´s als Werkstattersatzfahrzeuge angeschafft und vermehrt Probefahrten mit e-Fahrzeugen angeboten. Zusätzlich wurde zu dem Thema eine Veranstaltung im Frühjahr 2015 („Elektro-Tage") eingeplant.

---

[11] Vgl. http://www.oldenburg.de/microsites/verkehr/carsharing.html

Immerhin 12,4 % der Befragten, die den ÖPNV nutzen, nutzen ebenfalls ein geliehenes Fahrzeug. Die Untersuchung zu einer möglichen Kooperation mit dem öffentlichen Nahverkehr wird daher im Rahmen des Gesamtprojektes gesondert empirisch untersucht.

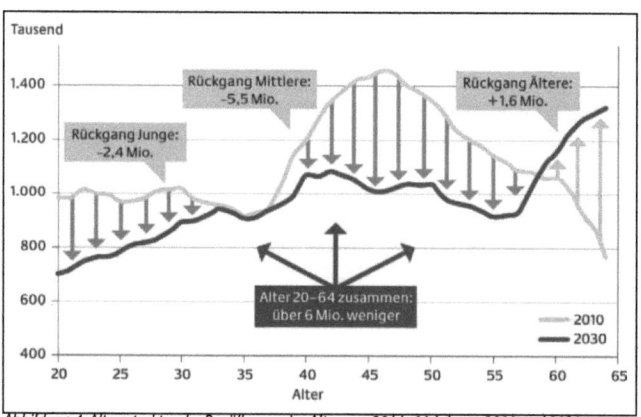

Abbildung 4: Altersstruktur der Bevölkerung im Alter von 20 bis 64 Jahren, 2010 und 2030

Die Grafik über den demografischen Wandel (Abbildung 4) zeigt, dass im Jahre 2030 1,6 Millionen Menschen mehr im Alter von 56-65 existieren werden als noch im Jahre 2010. Dieser Umstand macht deutlich, dass man sich mit dieser wachsenden Altersgruppe intensiv auseinandersetzen muss, um deren Anforderungen und Ansprüche in Bezug auf die zukünftige Mobilität zu ermitteln.

Zusammenfassend lässt sich auf Basis der ermittelten Ergebnisse aus der empirischen Untersuchung feststellen, dass es sehr wohl möglich ist, e-Fahrzeuge in eine vorhandene Carsharing-Flotte zu integrieren. Unabdingbar für eine erfolgreiche Integration ist dabei jedoch die Berücksichtigung einiger Faktoren, die sich aus der durchgeführten Untersuchung ableiten lassen. Im Hinblick auf den demographischen Wandel könnte eine Fokussierung auf die jüngere Generation als Zielgruppe bei der Einführung unter wirtschaftlichen Gesichtspunkten problematisch werden. In der Konsequenz sind daher begleitende Marketingmaßnahmen erforderlich, die den Bekanntheitsgrad des Themas auch bei der älteren Generation steigert. Ungeachtet der unterschiedlichen Affinität in den verschiedenen Bevölkerungsschichten, ist in jedem Fall der Kostenaspekt von entscheidender Bedeutung für den Erfolg des Modells. Höhere Kosten für e-Fahrzeuge im Carsharing sind trotz der Unterstreichung ökologischer Vorteile einem zukünftigen Kundenkreis gleich welcher Altersgruppe nicht zu vermitteln und stehen einer erfolgreichen Einführung entgegen.

Literaturverzeichnis

- ADAC (2010): Mobilität in Deutschland. Ausgewählte Ergebnisse. Fakten und Argumente kompakt.

- Cleff, Thomas (2008): Deskriptive Statistik und moderne Datenanalyse. Eine computergestützte Einführung mit Excel, SPSS und STATA. 1. Aufl. Wiesbaden: Betriebswirtschaftlicher Verlag Dr. Th. Gabler.

- Fornahl, Dirk (2011): Beeinflussung der verkehrsbedingten Umweltkosten durch Elektromobilität in Bremen aus wohlfahrtsökonomischer Sicht. Modul 4: Verkehrskonzepte und Geschäftsmodelle Arbeitsabschnitt 2.3 Ökologische Analysen. Bremen.

- Hoerstebrock, Tim (2014): Strategische Analyse der Elektromobilität in der Metropolregion Bremen /Oldenburg. Multi-Agenten basierte Simulation alternativer Antriebssysteme.

- infas (2012): Mobilität im Wandel - Potenziale des Car-Sharing.

- infas (2012): Mobil und informiert? Ergebnisse einer repräsentativen Bevölkerungsbefragung.

- Kuß, Alfred (2012): Marktforschung. Grundlagen der Datenerhebung und Datenanalyse.

- Öko-Institut e.V. (2014): Forschung zum neuen Carsharing. Wissenschaftliche Begleitforschung zu car2go. Zwischenergebnisse: Stand Juni 2014

- Porst, Rolf (2009): Fragebogen-Ein Arbeitsbuch. 2. Aufl. Wiesbaden: VS Verlag für Sozialwissenschaften

- Stadt Oldenburg: Einwohner und Haushalte der Stadt Oldenburg nach Postleitzahlbezirken. Stichtag: 31.12.2013.

- Stadt Oldenburg: Carsharing in Oldenburg, http://www.oldenburg.de/microsites/verkehr/carsharing.html

Anhang 1: Fragebogen

Umfrage Elektromobilität im Carsharing

A) Die folgenden Informationen sind vom Interviewer vor der Befragung alleine auszufüllen:
a1) Namenskürzel: _____
a2) Laufende Interviewnummer: _____

Guten Tag,
mein Name ist „...". Ich führe im Auftrag des ecco AnInstituts der Universität Oldenburg*
eine kurze Befragung zu den Themen „Carsharing und Elektromobilität" durch. Hätten Sie
vielleicht fünf bis zehn Minuten Zeit, mich in dieser Sache zu unterstützen? ...
➔ *Bei Bedarf: Hinweis auf die Einhaltung aller datenschutzrechtlichen Gesetze; Anonymität*
der Auswertung!
➔ *Ansprechpartner für Notfälle: Frau Meike Cordts 0441 / 77905-20*

1) Besitzen Sie einen PKW-Führerschein (Führerschein der Klasse 3 bzw. Klasse B)?

ja	
nein	

2) Auf welche Fortbewegungsmittel greifen Sie derzeit zurück? (Mehrfachantworten möglich)
Hinweis für Interviewer ➔ungestützt fragen!

Eigenes Fahrzeug (Auto, Motorrad, Roller etc.)	
Geliehenes Fahrzeug (Familie, Freundeskreis, Autovermittlung etc.)	
Fahrrad	
Öffentliche Verkehrsmittel	
Fahrgemeinschaften	

3) Kennen Sie den Begriff Carsharing? Welche der folgenden Möglichkeiten trifft auf Sie zu?
Hinweis für Interviewer ➔ Probanden Ausdruck vorlegen!

Carsharing ist mir im Detail bekannt				Noch nie etwas darüber gehört

4) Gibt es in Ihrer Gemeinde/ Stadt einen Carsharing-Anbieter?

ja	
nein	
weiß ich nicht	
Wenn ja, welche Carsharing-Anbieter? _____	

5) Haben Sie Erfahrungen mit der gemeinschaftlichen Nutzung eines Autos?
(Mehrfachauswahl möglich)
Hinweis für Interviewer →gestützt fragen!

Ja, durch Fahrgemeinschaften

Ja, durch privates Autoteilen innerhalb der Familie / unter Freunden

Ja, durch organisiertes Carsharing / unternehmerisches Carsharing Angebot

Nein

6) Wenn Carsharing in Ihrem Wohnort möglich wäre, könnten Sie sich dann vorstellen auf Ihr derzeitiges Fortbewegungsmittel zu verzichten und stattdessen Carsharing zu nutzen?
Hinweis für Interviewer →offen fragen, auf Antwort des Probanden achten!

Ja,ganz bestimmt

Ja, eventuell

Nein, eher nicht

Nein, ganz bestimmt nicht

Wenn „nein", wieso nicht? _____

Wenn „Nein", dann weiter zu Frage 10!

7) Welches Fahrzeug / Fahrzeugmodell wünschen Sie sich für Carsharing? (Mehrfachauswahl möglich)
Hinweis für Interviewer →gestützt fragen! Wenn unklar, Marke und Typ notieren!

Klein (z. B. Opel Adam, Audi A1, Smart, VW up! / Polo)

Mittel (z.B. VW Passat /Variant, Opel Insignia, VW Tiguan, Nissan Qashquai)

Groß (z.B. Audi A6, BMW 5er, VW Touareg)

Minibusse (z.B. VW T5 / Touran / Sharan)

Transporter (z.B. Kastenwagen, Sprinter, Crafter, sowie größere Fahrzeuge)

8) Welches Zubehör wäre Ihnen beim Carsharing wichtig?
Hinweis für Interviewer → Probanden Ausdruck vorlegen! notieren!

	sehr wichtig			vollg unwichti r
Navigationssystem				
Kindersitz				
Gepäckträger (Dach-, Fahrrad-, Skigepäckträger)				
Anhängerkupplung				
Winterextras (Schneeketten, Enteisungsspray)				

9) Was ist Ihnen bei Carsharing wichtig?
Hinweis für Interviewer → *Probanden Ausdruck vorlegen! notieren!*

	sehr wichtig			völlig unwichtig
Persönliche Ansprechpartner				
Umfassende Fahrzeugeinweisung				
Hotline (24 Stunden Erreichbarkeit)				
Schnelle Verfügbarkeit				
Unkomplizierte Buchung der Fahrzeuge (z. B. über ein App)				

Offen zu den Fragen 8 und 9 (sowohl Zubehör als auch Carsharing Angebot allgemein):
Was   ist   Ihnen   noch   wichtig?
_____

Hinweis für Interviewer →*Vorlesen: Jetzt würde ich Sie gerne noch zu einigen Aspekten zu Elektro-PKW befragen.*

10) Haben Sie schon Erfahrungen mit Elektro-PKW?

Ja	
Nein	

11) Welche Gefühle und Gedanken im Hinblick auf Elektro-PKW treffen am ehesten auf Sie zu?
Hinweis für Interviewer → *Probanden Ausdruck vorlegen! notieren!*

einfach	o --- o --- o --- o --- o	kompliziert
sicher	o --- o --- o --- o --- o	unsicher
preiswert	o --- o --- o --- o --- o	teuer
angenehm	o --- o --- o --- o --- o	unangenehm
komfortabel	o --- o --- o --- o --- o	unkomfortabel
zuverlässig	o --- o --- o --- o --- o	unzuverlässig
ökologisch sinnvoll	o --- o --- o --- o --- o	ökologisch nachteilig
interessant	o --- o --- o --- o --- o	uninteressant

12) Wie groß müsste die Reichweite mindestens sein, damit ein Elektro-PKW für Sie in Frage kommt?
Reichweite: _____ Kilometer

13) Wären Sie bereit einen höheren Preis für einen Elektro-PKW zu zahlen?

Ja	
Nein	

14) Würden Sie ein Carsharing-Angebot mit Elektro-PKW nutzen?

Ja

Nein

Abschließend habe ich noch drei Fragen zu Ihrer Person.
ggf. Hinweis auf die Einhaltung aller datenschutzrechtlichen Gesetze; Anonymität der Auswertung

15) Wie viele Personen leben in Ihrem Haushalt?

_____ Personen

16) Geschlecht
Hinweis für Interviewer →Tragen Sie das Geschlecht des Probanden ein!

Weiblich

Männlich

17) Alter

17 – 24

25 – 30

31 – 40

41 – 50

51 – 60

älter

18) Postleitzahl

_____

Vielen Dank!

Anhang 2: Auswertungen

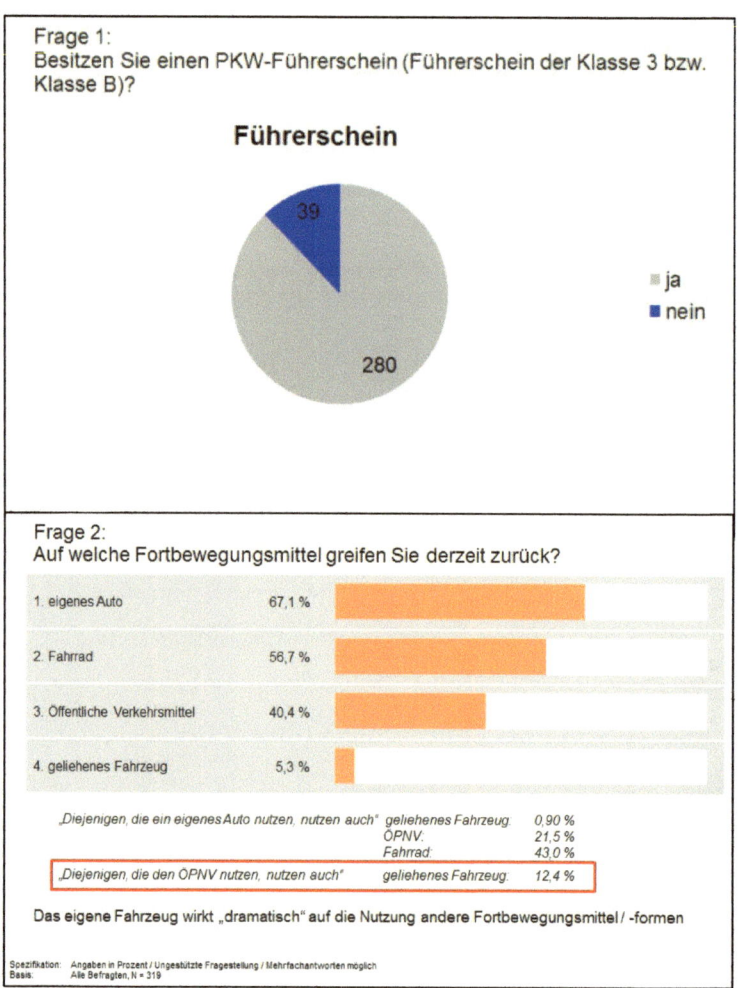

Frage 1:
Besitzen Sie einen PKW-Führerschein (Führerschein der Klasse 3 bzw. Klasse B)?

Führerschein

39

ja
nein

280

Frage 2:
Auf welche Fortbewegungsmittel greifen Sie derzeit zurück?

1. eigenes Auto — 67,1 %

2. Fahrrad — 56,7 %

3. Öffentliche Verkehrsmittel — 40,4 %

4. geliehenes Fahrzeug — 5,3 %

„Diejenigen, die ein eigenes Auto nutzen, nutzen auch"   geliehenes Fahrzeug: 0,90 %
ÖPNV: 21,5 %
Fahrrad: 43,0 %

„Diejenigen, die den ÖPNV nutzen, nutzen auch"   geliehenes Fahrzeug: 12,4 %

Das eigene Fahrzeug wirkt „dramatisch" auf die Nutzung andere Fortbewegungsmittel / -formen

Spezifikation: Angaben in Prozent / Ungestützte Fragestellung / Mehrfachantworten möglich
Basis: Alle Befragten, N = 319

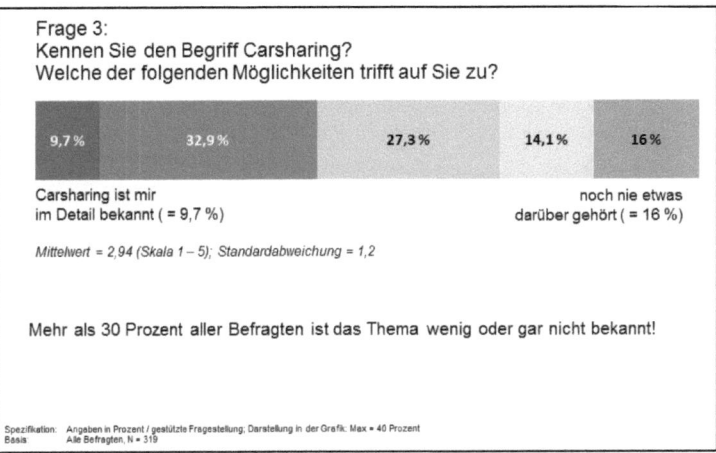

Frage 3:
Kennen Sie den Begriff Carsharing?
Welche der folgenden Möglichkeiten trifft auf Sie zu?

| 9,7 % | 32,9 % | 27,3 % | 14,1 % | 16 % |

Carsharing ist mir
im Detail bekannt (= 9,7 %)

noch nie etwas
darüber gehört (= 16 %)

Mittelwert = 2,94 (Skala 1 – 5); Standardabweichung = 1,2

Mehr als 30 Prozent aller Befragten ist das Thema wenig oder gar nicht bekannt!

Spezifikation: Angaben in Prozent / gestützte Fragestellung; Darstellung in der Grafik: Max = 40 Prozent
Basis: Alle Befragten, N = 319

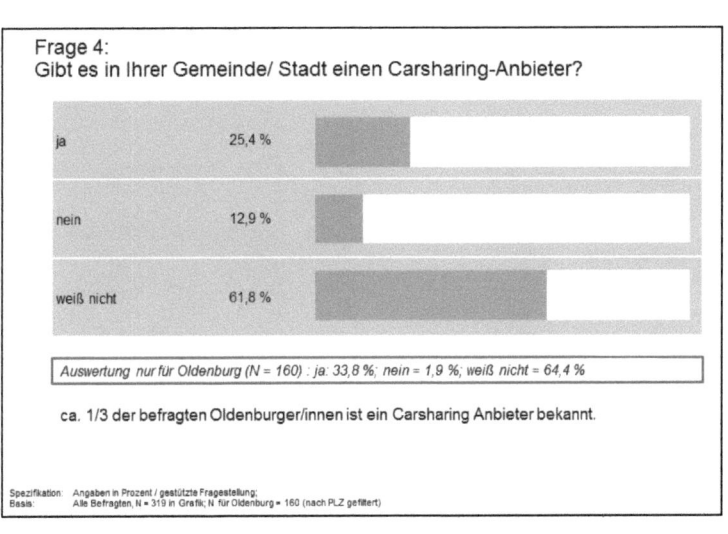

Frage 4:
Gibt es in Ihrer Gemeinde/ Stadt einen Carsharing-Anbieter?

ja	25,4 %	
nein	12,9 %	
weiß nicht	61,8 %	

Auswertung nur für Oldenburg (N = 160) : ja: 33,8 %; nein = 1,9 %; weiß nicht = 64,4 %

ca. 1/3 der befragten Oldenburger/innen ist ein Carsharing Anbieter bekannt.

Spezifikation: Angaben in Prozent / gestützte Fragestellung;
Basis: Alle Befragten, N = 319 in Grafik; N für Oldenburg = 160 (nach PLZ gefiltert)

Frage 4:
Gibt es in Ihrer Gemeinde/ Stadt einen Carsharing-Anbieter?
Wenn ja, welche Carsharing-Anbieter?

Ja! = 25,4 % (= 81 Probanden); davon konnten 48 % (= 39 Probanden) einen Anbieter benennen!

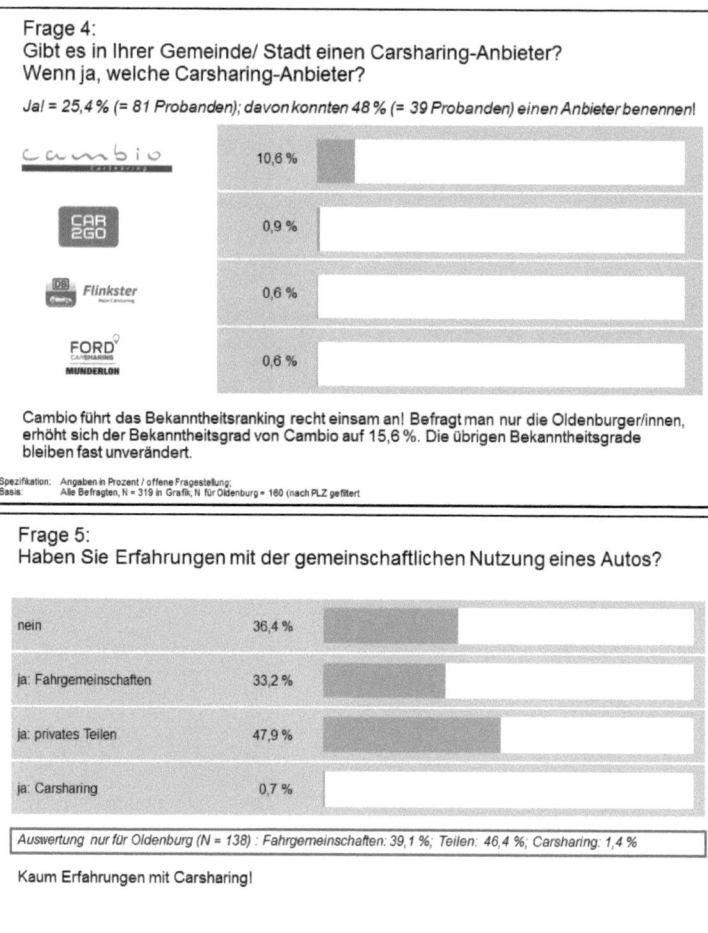

Cambio führt das Bekanntheitsranking recht einsam an! Befragt man nur die Oldenburger/innen, erhöht sich der Bekanntheitsgrad von Cambio auf 15,6 %. Die übrigen Bekanntheitsgrade bleiben fast unverändert.

Spezifikation: Angaben in Prozent / offene Fragestellung;
Basis: Alle Befragten, N = 319 in Grafik; N für Oldenburg = 160 (nach PLZ gefiltert

Frage 5:
Haben Sie Erfahrungen mit der gemeinschaftlichen Nutzung eines Autos?

nein	36,4 %
ja: Fahrgemeinschaften	33,2 %
ja: privates Teilen	47,9 %
ja: Carsharing	0,7 %

Auswertung nur für Oldenburg (N = 138) : Fahrgemeinschaften: 39,1 %; Teilen: 46,4 %; Carsharing: 1,4 %

Kaum Erfahrungen mit Carsharing!

Spezifikation: Angaben in Prozent / Mehrfachantworten möglich
Basis: nur Führerscheinbesitzer, N = 280 in Grafik; N „nur Oldenburg" = 138

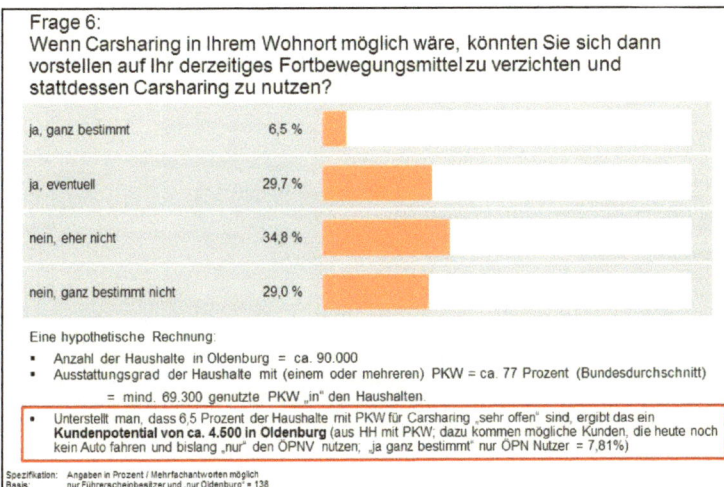

Frage 6:
Wenn Carsharing in Ihrem Wohnort möglich wäre, könnten Sie sich dann vorstellen auf Ihr derzeitiges Fortbewegungsmittel zu verzichten und stattdessen Carsharing zu nutzen?

ja, ganz bestimmt	6,5 %
ja, eventuell	29,7 %
nein, eher nicht	34,8 %
nein, ganz bestimmt nicht	29,0 %

Eine hypothetische Rechnung:
- Anzahl der Haushalte in Oldenburg = ca. 90.000
- Ausstattungsgrad der Haushalte mit (einem oder mehreren) PKW = ca. 77 Prozent (Bundesdurchschnitt)
  = mind. 69.300 genutzte PKW „in" den Haushalten.
- Unterstellt man, dass 6,5 Prozent der Haushalte mit PKW für Carsharing „sehr offen" sind, ergibt das ein **Kundenpotential von ca. 4.500 in Oldenburg** (aus HH mit PKW; dazu kommen mögliche Kunden, die heute noch kein Auto fahren und bislang „nur" den ÖPNV nutzen; „ja ganz bestimmt" nur ÖPN Nutzer = 7,81%)

Spezifikation: Angaben in Prozent / Mehrfachantworten möglich
Basis: nur Führerscheinbesitzer und „nur Oldenburg" = 138

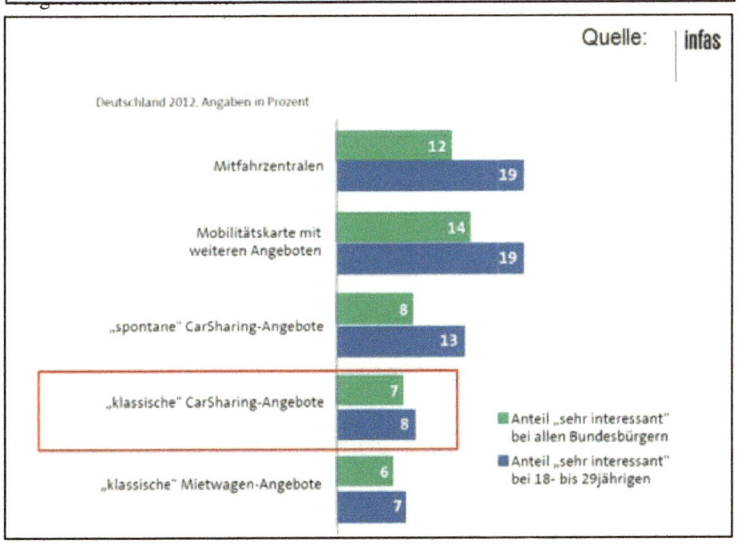

Quelle: infas

Deutschland 2012, Angaben in Prozent

Mitfahrzentralen	12 / 19
Mobilitätskarte mit weiteren Angeboten	14 / 19
„spontane" CarSharing-Angebote	8 / 13
„klassische" CarSharing-Angebote	7 / 8
„klassische" Mietwagen-Angebote	6 / 7

■ Anteil „sehr interessant" bei allen Bundesbürgern
■ Anteil „sehr interessant" bei 18- bis 29jährigen

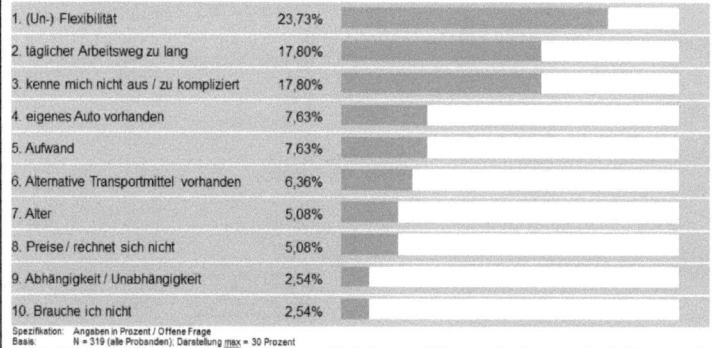

Frage 6:
Wenn Carsharing in Ihrem Wohnort möglich wäre, könnten Sie sich dann vorstellen auf Ihr derzeitiges Fortbewegungsmittel zu verzichten und stattdessen Carsharing zu nutzen?

→ **Warum nicht? (Top 10)** – Anteil Nennungen an genannten Gründen!

1. (Un-) Flexibilität	23,73%
2. täglicher Arbeitsweg zu lang	17,80%
3. kenne mich nicht aus / zu kompliziert	17,80%
4. eigenes Auto vorhanden	7,63%
5. Aufwand	7,63%
6. Alternative Transportmittel vorhanden	6,36%
7. Alter	5,08%
8. Preise / rechnet sich nicht	5,08%
9. Abhängigkeit / Unabhängigkeit	2,54%
10. Brauche ich nicht	2,54%

Spezifikation: Angaben in Prozent / Offene Frage
Basis: N = 319 (alle Probanden); Darstellung max = 30 Prozent

Frage 7:
Welches Fahrzeug / Fahrzeugmodell wünschen Sie sich für Carsharing?

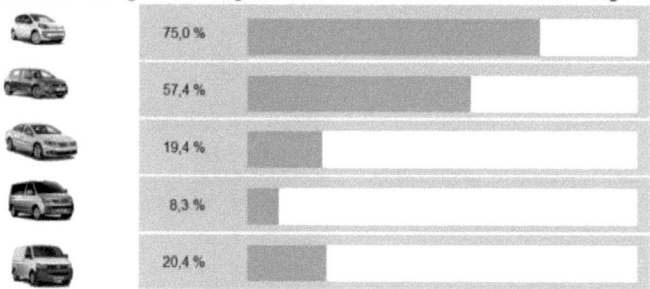

	75,0 %
	57,4 %
	19,4 %
	8,3 %
	20,4 %

Die große Mehrheit der Befragten wünscht sich (kostengünstige?) Kleinwagen!
Transporte werden wesentlich mehr als „Kleinbusse" gewünscht.

Spezifikation: Angaben in Prozent / Mehrfachantworten möglich
Basis: N = 108 (Carsharing-Interessierte)

Frage 8:
Welches Zubehör wäre Ihnen beim Carsharing wichtig?

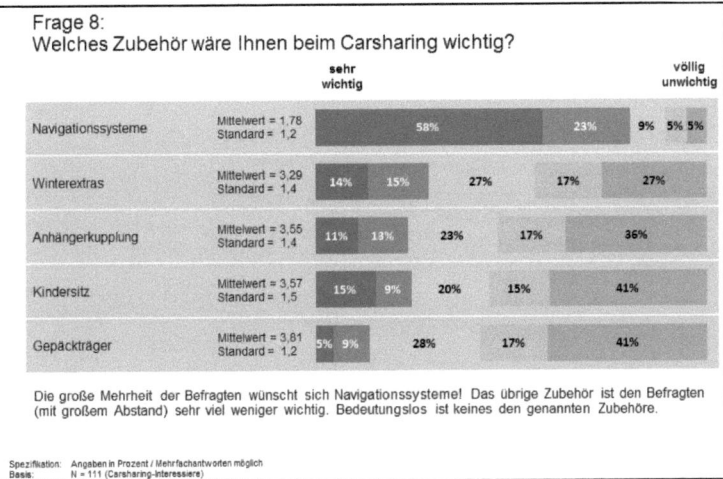

		sehr wichtig				völlig unwichtig
Navigationssysteme	Mittelwert = 1,78 Standard = 1,2	58%		23%	9%	5% 5%
Winterextras	Mittelwert = 3,29 Standard = 1,4	14% 15%	27%	17%	27%	
Anhängerkupplung	Mittelwert = 3,55 Standard = 1,4	11% 13%	23%	17%	36%	
Kindersitz	Mittelwert = 3,57 Standard = 1,5	15% 9%	20%	15%	41%	
Gepäckträger	Mittelwert = 3,81 Standard = 1,2	5% 9%	28%	17%	41%	

Die große Mehrheit der Befragten wünscht sich Navigationssysteme! Das übrige Zubehör ist den Befragten (mit großem Abstand) sehr viel weniger wichtig. Bedeutungslos ist keines den genannten Zubehöre.

Spezifikation: Angaben in Prozent / Mehrfachantworten möglich
Basis: N = 111 (Carsharing-Interessiere)

Frage 9:
Was ist Ihnen bei Carsharing wichtig?

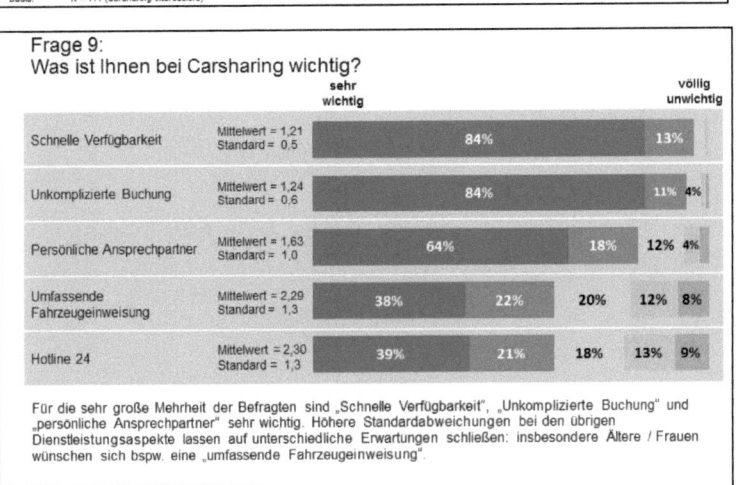

		sehr wichtig				völlig unwichtig
Schnelle Verfügbarkeit	Mittelwert = 1,21 Standard = 0,5	84%		13%		
Unkomplizierte Buchung	Mittelwert = 1,24 Standard = 0,6	84%		11%	4%	
Persönliche Ansprechpartner	Mittelwert = 1,63 Standard = 1,0	64%	18%	12%	4%	
Umfassende Fahrzeugeinweisung	Mittelwert = 2,29 Standard = 1,3	38%	22%	20%	12%	8%
Hotline 24	Mittelwert = 2,30 Standard = 1,3	39%	21%	18%	13%	9%

Für die sehr große Mehrheit der Befragten sind „Schnelle Verfügbarkeit", „Unkomplizierte Buchung" und „persönliche Ansprechpartner" sehr wichtig. Höhere Standardabweichungen bei den übrigen Dienstleistungsaspekte lassen auf unterschiedliche Erwartungen schließen: insbesondere Ältere / Frauen wünschen sich bspw. eine „umfassende Fahrzeugeinweisung".

Spezifikation: Angaben in Prozent / Mehrfachantworten möglich
Basis: N = 111 (Carsharing-Interessiere)

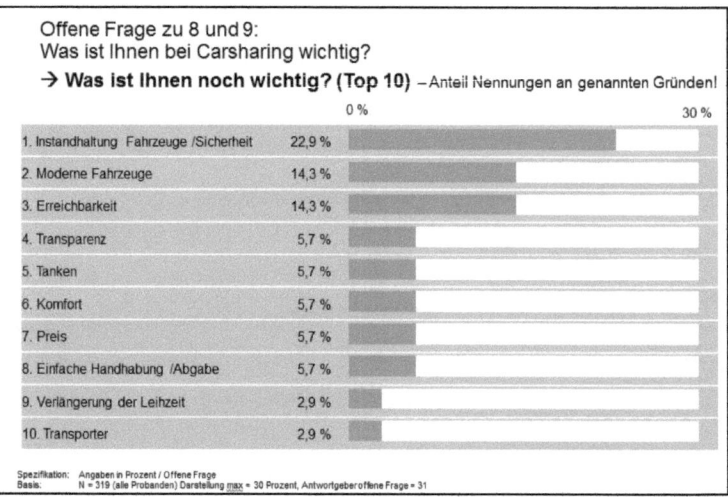

Offene Frage zu 8 und 9:
Was ist Ihnen bei Carsharing wichtig?
→ **Was ist Ihnen noch wichtig? (Top 10)** – Anteil Nennungen an genannten Gründen!

	0 %	30 %
1. Instandhaltung Fahrzeuge /Sicherheit	22,9 %	
2. Moderne Fahrzeuge	14,3 %	
3. Erreichbarkeit	14,3 %	
4. Transparenz	5,7 %	
5. Tanken	5,7 %	
6. Komfort	5,7 %	
7. Preis	5,7 %	
8. Einfache Handhabung /Abgabe	5,7 %	
9. Verlängerung der Leihzeit	2,9 %	
10. Transporter	2,9 %	

Spezifikation: Angaben in Prozent / Offene Frage
Basis: N = 319 (alle Probanden) Darstellung max = 30 Prozent, Antwortgeber offene Frage = 31

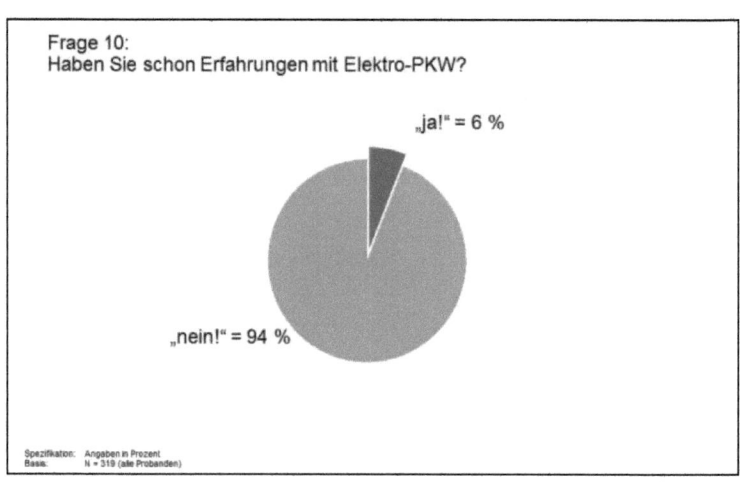

Frage 10:
Haben Sie schon Erfahrungen mit Elektro-PKW?

„ja!" = 6 %

„nein!" = 94 %

Spezifikation: Angaben in Prozent
Basis: N = 319 (alle Probanden)

Frage 11:
Welche Gefühle und Gedanken im Hinblick auf Elektro-PKW treffen am ehesten auf Sie zu?

Mittelwerte / Standardabweichungen

						Mittelwert
ökologisch sinnvoll	o	o	o	o	o	ökologisch nachteilig	1,87 / 1,0
interessant	o	o	o	o	o	uninteressant	2,43 / 1,1
angenehm	o	o	o	o	o	unangenehm	2,55 / 0,9
komfortabel	o	o	o	o	o	unkomfortabel	2,65 / 0,9
sicher	o	o	o	o	o	unsicher	2,73 / 1,1
einfach	o	o	o	o	o	kompliziert	2,94 / 1,1
zuverlässig	o	o	o	o	o	unzuverlässig	2,95 / 1,0
preiswert	o	o	o	o	o	teuer	3,90 / 1,0

Zahlreiche Aspekte werden „zwischen den Stühlen" bewertet. Eindeutig scheinen lediglich die ökologischen Aspekte und Kostenaspekte bewertet.

Spezifikation: Angaben in Prozent
Basis: N = 319 (alle Probanden)

Cluster-Analyse zu Frage 11:

Frage 11:
Welche Gefühle und Gedanken im Hinblick auf Elektro-PKW treffen am ehesten auf Sie zu?

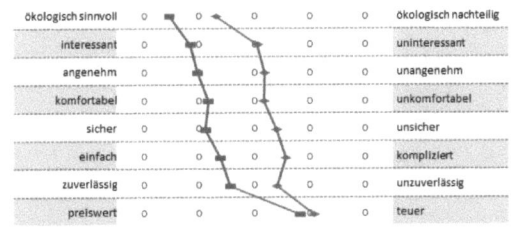

Mittelwerte / Standardabweichungen

							Cluster 1	Cluster 2
ökologisch sinnvoll	o	o	o	o	o	ökologisch nachteilig	1,47 / 1,0	2,29 / 0,7
interessant	o	o	o	o	o	uninteressant	1,84 / 1,0	3,02 / 0,9
angenehm	o	o	o	o	o	unangenehm	1,97 / 0,7	3,15 / 0,7
komfortabel	o	o	o	o	o	unkomfortabel	2,16 / 0,7	3,14 / 0,9
sicher	o	o	o	o	o	unsicher	2,11 / 0,9	3,36 / 0,9
einfach	o	o	o	o	o	kompliziert	2,37 / 0,9	3,53 / 1,0
zuverlässig	o	o	o	o	o	unzuverlässig	2,54 / 0,8	3,37 / 1,0
preiswert	o	o	o	o	o	teuer	3,78 / 0,9	4,03 / 1,1

Cluster 1 (rote Linie), **Affine**, N = 158 (49,5 %) → positivere Einstellung gegenüber „Elektor PKW".
Cluster 2 (blaue Linie), **Skeptiker**, N = 161 (50,5 %)

Frage 14: Würden Sie ein Carsharing-Angebot mit Elektro-PKW nutzen?
→ **Ja = 52,5 %**; Wahrscheinlich eher Ausdruck der Einstellung gegenüber Elektro-Mobilität

Spezifikation: Angaben in Prozent
Basis: N = 319 (alle Probanden)

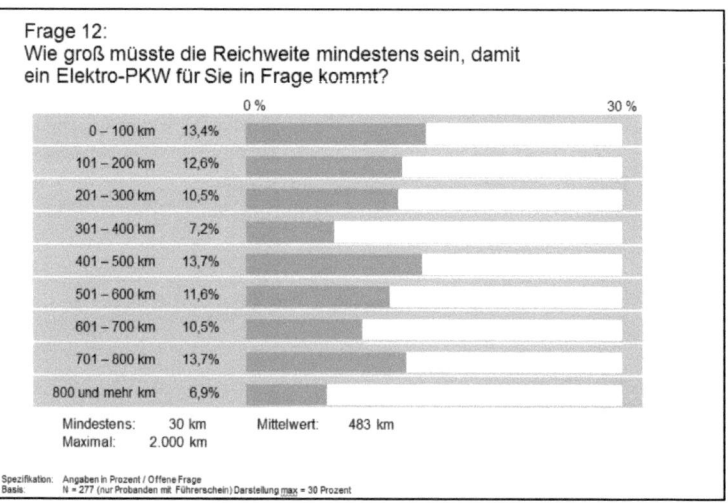

Frage 12:
Wie groß müsste die Reichweite mindestens sein, damit
ein Elektro-PKW für Sie in Frage kommt?

0 – 100 km	13,4%	
101 – 200 km	12,6%	
201 – 300 km	10,5%	
301 – 400 km	7,2%	
401 – 500 km	13,7%	
501 – 600 km	11,6%	
601 – 700 km	10,5%	
701 – 800 km	13,7%	
800 und mehr km	6,9%	

Mindestens: 30 km   Mittelwert: 483 km
Maximal: 2.000 km

Spezifikation: Angaben in Prozent / Offene Frage
Basis: N = 277 (nur Probanden mit Führerschein) Darstellung max = 30 Prozent

Frage 13:
Wären Sie bereit einen höheren Preis für einen Elektro-
PKW zu zahlen?

Nein   Ja
35%
65%

Erhöhte Preisbereitschaft in (wahrscheinlich) unterschiedlichen Zielgruppen vorhanden.

Spezifikation: Angaben in Prozent
Basis: N = 319

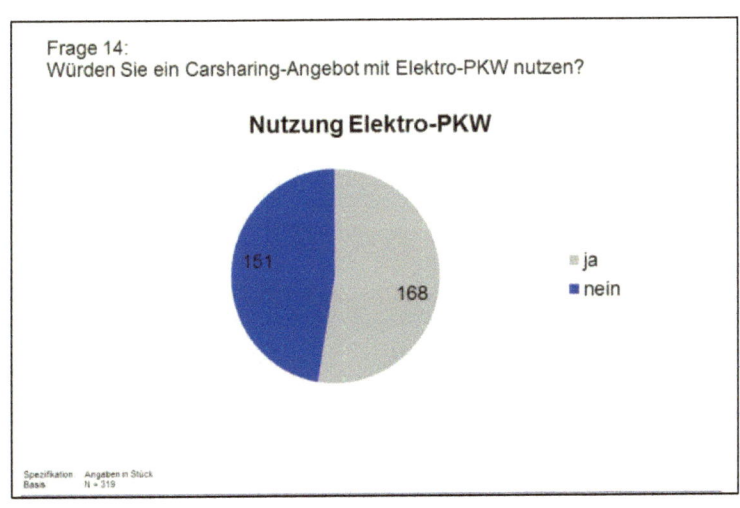

Frage 14:
Würden Sie ein Carsharing-Angebot mit Elektro-PKW nutzen?

Nutzung Elektro-PKW

151
168
- ja
- nein

Spezifikation   Angaben in Stück
Basis   N = 319

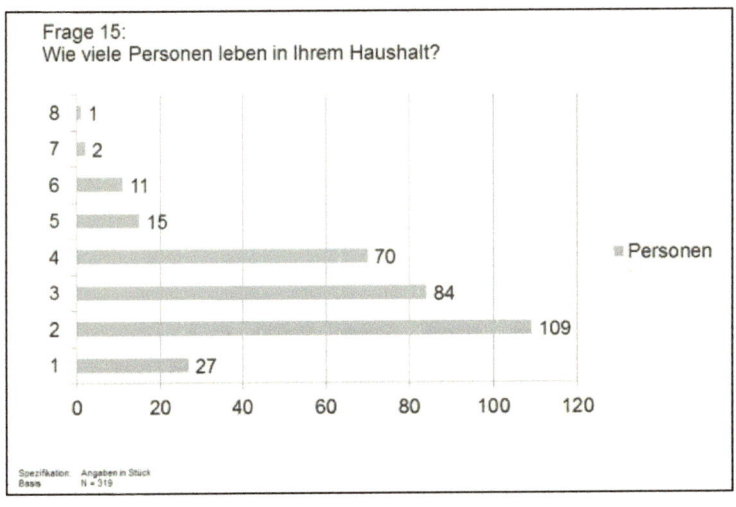

Frage 15:
Wie viele Personen leben in Ihrem Haushalt?

8	1
7	2
6	11
5	15
4	70
3	84
2	109
1	27

Personen

Spezifikation   Angaben in Stück
Basis   N = 319

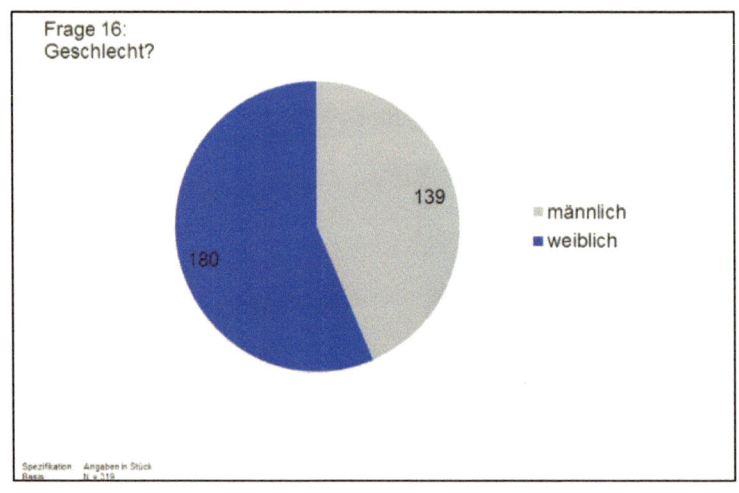

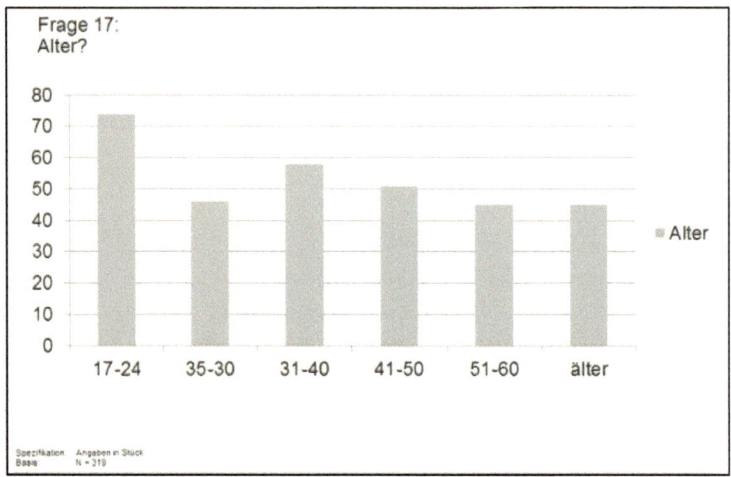

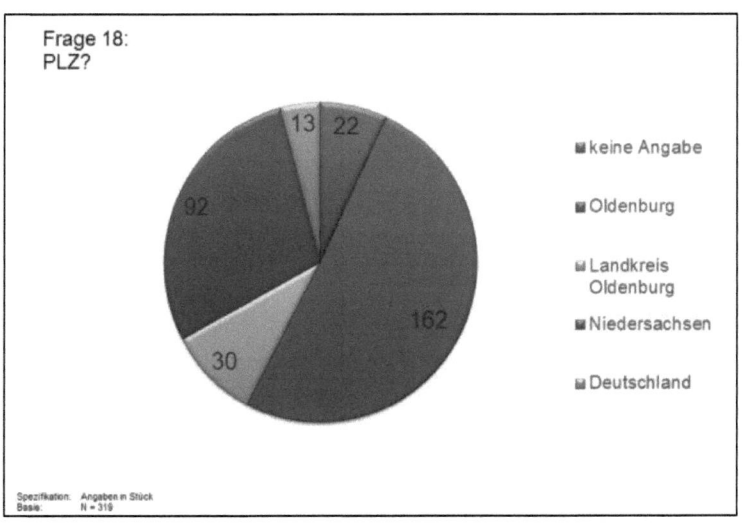

Frage 18:
PLZ?

- keine Angabe
- Oldenburg
- Landkreis Oldenburg
- Niedersachsen
- Deutschland

Spezifikation: Angaben in Stück
Basis: N = 319

(Erstes Szenario)

Welchen Grenzwert können Sie noch akzeptieren? 5 %

5% ist ein typischer Wert

Der Stichprobenfehler ist die maximale Abweichung vom wahren Wert, der noch toleriert wird. Wenn 90% der Befragten mit Ja antworten, während 10% mit Nein antworten, ist es möglich eine höheren Stichprobenfehler zu tolerieren, als wenn die Wahrscheinlichkeit des Eintritts der Antworten bei 50:50 oder 45:55 liegt.

Ein niedrigerer Stichprobenfehler benötigt eine größere Stichprobe.

Welches Vertrauensintervall wünschen Sie? 95 %

Üblich sind 90%, 95% oder 99%

Das Vertrauensniveau ist die sicherheit, die Sie wünschen. Angenommen Sie haben 20 Ja/Nein-Fragen in Ihre Befragung. Bei einem Vertrauensniveau von 95% kann man davon ausgehen, dass bei einer von zwanzig Wiederholungen der Befragung (1 aus 20) der Anteil der Personen, die mit Ja antworten den wahren Wert um mehr als das maximal tolerierten Stichprobenfehler überschreitet. Die wahre Antwort ist der Prozentsatz, den man erhält, wenn man die Gesampopulation befragt (Totalerhebung).

Ein höheres Vertrauensniveau erfordert eine höhere Stichprobengröße.

Wie groß ist die Grundgesamtheit? 160000

Wenn Sie es nicht wissen, tragen Sie hier bitte 20000 ein.

Wieviele Personen stehen zur Verfügung, um daraus die Stichprobe zu ziehen? Die Stichprobengröße ändert sich bei einer Grundgesamtheit von 20 000 nur geringfügig

Wie sind die Antworten verteilt? 50 %

Die konservative Annahme liegt bei 50%

Welche Erwartungen haben Sie bezüglich der Ergebnisse? Wenn diese in der Stichprobe stark in eine Richtung geneigt sind, dann kann man davon ausgehen, dass es bei der Population ebenso ist. Wenn Sie es nicht wissen, tragen Sie hier bitte 50% ein. Damit wird die benötigte Stichprobe am größten.

Ihre empfohlene Stichprobengröße liegt bei 384

Das ist die kleinste empfohlene Stichprobengröße für Ihre Untersuchung. Wenn Sie diese Anzahl an Personen befragen, und von jedem eine Antwort erhalten, dann ist es wahrscheinlicher, ein Ergebnis zu erhalten, welches mit der Realität übereinstimmt, als wenn Sie mehr Personen befragen, bei der nur ein kleiner Prozentsatz Ihre Fragen beantwortet.

Alternative Szenarien

Mit einer Stichprobengröße von	100	200	300
lautet der maximaler Stichprobenfehler	9.80%	6.93%	5.65%

Mit einem Vertrauensniveau von	90	95	99
liegt die Grenze der Stichprobengröße bei	271	384	661

(Zweites Szenario)

Welchen Grenzwert können Sie noch akzeptieren? 6 %

5% ist ein typischer Wert

Der Stichprobenfehler ist die maximale Abweichung vom wahren Wert, der noch toleriert wird. Wenn 90% der Befragten mit Ja antworten, während 10% mit Nein antworten, ist es möglich eine höheren Stichprobenfehler zu tolerieren, als wenn die Wahrscheinlichkeit des Eintritts der Antworten bei 50:50 oder 45:55 liegt.

Ein niedrigerer Stichprobenfehler benötigt eine größere Stichprobe.

Welches Vertrauensintervall wünschen Sie? 95 %

Üblich sind 90%, 95% oder 99%

Das Vertrauensniveau ist die sicherheit, die Sie wünschen. Angenommen Sie haben 20 Ja/Nein-Fragen in Ihrer Befragung. Bei einem Vertrauensniveau von 95% kann man davon ausgehen, dass bei einer von zwanzig Wiederholungen der Befragung (1 aus 20) der Anteil der Personen, die mit Ja antworten den wahren Wert um mehr als das maximal tolerierten Stichprobenfehler überschreitet. Die wahre Antwort ist der Prozentsatz, den man erhält, wenn man die Gesampopulation befragt (Totalerhebung).

Ein höheres Vertrauensniveau erfordert eine höhere Stichprobengröße.

Wie groß ist die Grundgesamtheit? 160000

Wenn Sie es nicht wissen, tragen Sie hier bitte 20000 ein.

Wieviele Personen stehen zur Verfügung, um daraus die Stichprobe zu ziehen? Die Stichprobengröße ändert sich bei einer Grundgesamtheit von 20 000 nur geringfügig

Wie sind die Antworten verteilt? 50 %

Die konservative Annahme liegt bei 50%

Welche Erwartungen haben Sie bezüglich der Ergebnisse? Wenn diese in der Stichprobe stark in eine Richtung geneigt sind, dann kann man davon ausgehen, dass es bei der Population ebenso ist. Wenn Sie es nicht wissen, tragen Sie hier bitte 50% ein. Damit wird die benötigte Stichprobe am größten.

Ihre empfohlene Stichprobengröße liegt bei 267

Das ist die kleinste empfohlene Stichprobengröße für Ihre Untersuchung. Wenn Sie diese Anzahl an Personen befragen, und von jedem eine Antwort erhalten, dann ist es wahrscheinlicher, ein Ergebnis zu erhalten, welches mit der Realität übereinstimmt, als wenn Sie mehr Personen befragen, bei der nur ein kleiner Prozentsatz Ihre Fragen beantwortet.

Alternative Szenarien

Mit einer Stichprobengröße von	100	200	300
lautet der maximaler Stichprobenfehler	9.80%	6.93%	5.65%

Mit einem Vertrauensniveau von	90	95	99
liegt die Grenze der Stichprobengröße bei	188	267	460